Edizioni PensareDiverso
Cenacolo Jung Pauli

Niels Mottelson

Mærkelige tilfælde i dit liv

Små nysgerrige begivenheder.
Anelser. Telepati.
Er det også sket med dig?
Kvantfysik og teorien om synkronitet
forklarer ekstrasensoriske fænomener.

Indeks over bogen

Indeks over bogen...5
Prolog..7
Tilfældige fakta og signifikante sammenfald 9

Et gammelt billede 11
To fakta, der ikke er forbundet, kan skabe en
"betydelig sammenfald". 13
En lille statue flyver fra vinduet..............15

Synchronicity...20
Kollektive ubevidste og arketyper...............24

Niveauet for individuel bevidsthed..........25
Den enkelte ubevidste 26
Den kollektive ubevidste...........................28
En ide så gammel som verden..................32
Arketyperne..34

Hvordan synkroniteter opstår 40

Skæbne eller synkronitet? 43

Den utrolige historie om Sarah Richley. Første handling 44

Den utrolige historie om Sarah Richley. Lov II 47

Synkroniteter er udstråling fra en Universel ånd 51

Det er alt fint, men ... hvor er de videnskabelige bekræftelser? 55

Oplysningen 56

Alderen af lys og litterære saloner 59

Hvad er klassiske fysikers love, der ikke kan brydes? 62

Samarbejde mellem videnskab og psyke 67

Kvantesammenfiltring 72

Teorien er videnskabeligt bekræftet 77

Den dimension, der går ud over materielle ting 80

Hvilken rolle spiller sammenfald i mit liv? . 83

Dekryptere synkroniteter 87

De tre niveauer af virkeligheden 90

Kvante niveauet og det ikke-lokale niveau 93

Den syvende forstand 94

Bibliography 97

Fra den tidligste udvikling af tanken har menneskeheden troet, at nogle væsentlige sammenfald var tegn, hvorved et højere filosofisk eller guddommeligt niveau søgte at dialog med mænd.

I de sidste tre århundreder var dette blevet slettet fra de nye videnskabelige retninger. Ekstraordinære sammenfald blev betragtet som konsekvenser af sagen. Enhver, der ønskede at fortolke ekstraordinære begivenheder som guddommelige signaler, blev mocked.

På samme måde blev fremtidens visioner betragtet som illusioner eller endda tegn på ubalance. Dette trods det faktum, at mange havde oplevet disse ekstraordinære fakta.

Videnskab nægtede eksistensen af en psykisk dimension, som det menneskelige sind kunne interagere med. Ifølge den fælles opfattelse var den eneste eksisterende virkelighed materielle objekter. Men i 1980'erne viste eksperimenter i kvantefysik eksistensen af et univers, der ikke kun består af materie. Dette univers har et niveau, hvor energi og information ikke lider grænserne for rum og tid typisk for klassisk fysik.

Dette bekræfter alle intuitioner modnet i menneskehedens historie. Blandt disse intuitioner er begrebet "verdenssjæl" udtalt af den græske filosof Plato. Senere har den schweiziske psykolog Carl Gustav Jung uddybet teorien om det "kollektive ubevidste".

Denne bog undgår at undersøge alt for specialiserede emner. Forfatteren følger klart læseren med at forstå de tre niveauer, der udgør en enkelt virkelighed.

Det første niveau er den fysiske, som er en del af vores daglige oplevelse. Det andet niveau er det, der beskrives af kvantefysik, typisk for de mindste elementære partikler af atomer.

Den tredje er det psykiske niveau kaldet "non-locality". Det er det åndelige niveau, som ikke kan placeres fysisk overalt.

Denne vej af viden refererer til nyere opdagelser anerkendt af den officielle videnskab. Mærkelige tilfældigheder og fænomener i sindet bliver vigtige dele af en ny og overraskende virkelighed.

Tilfældige fakta og signifikante sammenfald

Tilfældighed består af to fakta forbundet med hinanden for at bestemme en logisk sekvens. En tilfældighed kan programmeres af mænds vilje. Et klassisk eksempel på forudbestemte sammenfald er tidsplanerne for passagertransportlinjer. På et forud fastsat tidsplan ankommer et transportmiddel til en station. Umiddelbart efter rejsen fortsætter med et andet transportmiddel. Intet mere almindeligt. Men der er også tilfældigheder, der forekommer uden nogen forudsigelser.

Lad os tage et eksempel. Jeg går til supermarkedet, går til brødbordet og tager et nummer. Min reservation har nummer 64.

Så går jeg til fisketælleren og selv her har min reservation nummer 64. Alt dette er meget almindeligt på det tidspunkt. Situationen bliver mærkelig, hvis jeg kommer ud af supermarkedet, kommer jeg på bussen nummer 64. På bussen møder jeg en ven, der bliver 64 samme dag. Jeg lykønsker ham og jeg går ned lige foran kiosken på Marconi Street 64. Fra avisleverandøren køber jeg nummer 64 i mit favoritblad. På dette tidspunkt, hvad synes du? Jeg kunne begynde at undre sig, om det ikke er så mærkeligt, at tallet 64 gentages kontinuerligt.

For at fortælle sandheden sker sådanne numeriske sekvenser med en bestemt frekvens, men vi bemærker det ikke, for vi er optaget af at tænke på noget andet. Derfor er sammenfaldene, der er knyttet til et nummer, som den, der netop er blevet fortalt, mærkeligt, men vi tager dem ikke i betragtning. Faktisk bemærker vi ikke disse. Disse sammenfald bliver ikke "signifikante". Mange sammenfald kan blive betydelige, hvis vi blev opmærksomme på dem og begyndte at gøre hjernen til at arbejde.

Spørgsmålet bør være: Hvad er betydningen af dette for mit liv?

Et gammelt billede

Mary var keder. Den søndag eftermiddag blev hun tvunget til at blive hjemme hos en lille forstuet ankel. Efter at have vendt gennem alle sine bøger søgte han efter et interessant tv-program, men fandt det ikke. Så han besluttede at gøre noget nyttigt lille arbejde. For eksempel var der en plakat at hænge. Hun havde købt det for et par måneder siden, og det var stadig godt rullet op i sin beholder.

Denne aktivitet syntes for krævende. Han besluttede sig for en anden lille sag. Endelig besluttede han at det var den rigtige tid til at ændre foringen lavet af papir i skuffen på sit skrivebord.

Skuffen var bred og dyb. Maria tog det ud, satte det på bordet og begyndte at overføre alt indhold til en kasse. Da hun afhentede de enkelte ting, blev hun forbløffet over at finde så mange små ting, hun havde anset for tabt.

Efter at have tømt skuffen, løsladte Maria det gamle papir fra tegnestifter, der holdt det og knust det i hånden for at smide det.

På det tidspunkt opdagede hun et lille rektangel af papir, der var skjult lige under dækningen. Det var et gammelt billede.

I det billede kunne Maria se sig selv meget yngre sammen med nogle venner under en skoletur, der fandt sted mindst 20 år tidligere.

Maria begyndte at undersøge billedet med nostalgi fordi hun anerkendte de reproducerede mennesker. Selvfølgelig var venstre Paolo, og den ene ved siden af ham var Sergio, kaldet "Lo Sguincio". Pigen i midten var Arianna kaldet "La Micia". De var alle venner, hun stadig så, men fyren mellem Laura og Silvio, den fede fyr, hvem var han? Han forsøgte at huske og i sidste ende var belysningen: men ja det var Ciccio. Ved afslutningen af gymnasiet var hans familie flyttet, så kontakterne falmede, indtil de mistede hinanden.

I lang tid blev hun absorberet i fantasere om denne tid af hendes liv: skolen og hendes venner, hun huskede. Ciccio optrådte pludselig på denne kedelige eftermiddag. Han ændrede skuffens linerpapir og erstattede den. Derefter fokuserede hans tanker på noget andet ...

Da hun gjorde husarbejde næste eftermiddag ringede telefonen. Vil du tro det? I den anden ende af telefonen begyndte en stemme at sige:

"Hej, er du Maria?" Jeg håber du husker mig, jeg er Ciccio, og vi gik sammen i gymnasiet sammen. I går, da jeg tænkte på disse tider, havde jeg lyst til at se gamle venner igen, og det første nummer jeg fandt i min kolonne er din ... "

To fakta, der ikke er forbundet, kan skabe en "betydelig sammenfald".

Det er indlysende, at kun opdagelsen af et gammelt fotografi er bare et mærkeligt faktum. Men samtalen Maria modtager dagen efter skaber en uventet forbindelse. For Maria har opdagelsen af billedet og samtalen en "forenet følelse". Når Mary indser, at de to fakta har en betydning, der binder dem sammen, bliver de to fakta en "betydelig tilfældighed."

Vi er alle hovedpersoner af væsentlig tilfældighed. På andre tidspunkter kan vi se de nysgerrige tilfældigheder, der sker for andre mennesker. Selv om vi først er lidt overraskede, beslutter vi senere for en sag.

Vi tror bestemt, at vi har oplevet et nysgerrig tilfælde, men stadig kun en simpel sag. Som et resultat gemmer vi alt i noget hjørne af sindet.

I virkeligheden svarer "tilfældighed" ikke altid til en "almindelig sag". Dette fremgår af, at nogle sammenfald forårsager problemer, der forbliver uløste for livet. Nogle gange opstår disse problemer og stimulerer vores nysgerrighed. Vi opfatter en vag følelse af mysterium. Vi føler, at vi har mistet en nyttig kommunikation. Vi mistanke om, at vi savner et vigtigt tip eller tip.

Ifølge den velkendte psykoterapeut Carl Gustav Jung, som længe har studeret dette fænomen og udarbejdet mange af de teorier, der beskrives senere i denne bog, er sammenfaldene ofte simple, tilfældige fakta, men nogle gange ikke. Jung antydede, at der var tilfældigheder, som kunne betegnes som signifikante eller endda "numinøse" og kaldte dem "synkronitet".

Jung havde fortjent at være den første til videnskabeligt at undersøge fænomenet mærkelige sammenfald. Han startede fra observationen, at ingen kan bestride eksistensen af mærkelige sammenfald. Jung har også tilvejebragt passende værktøjer til at forstå, når et tilfælde kan betragtes som signifikant eller "numinous" og derfor bliver synkronisk.

Det er selvfølgelig ikke nok at skelne mellem almindelige og synkroniske sammenfald. Vi kan se, at tilfældige sammenfald er en del af vores daglige liv og stammer fra sammenvinding af vores aktiviteter med begivenhederne i verden omkring os. Funktionen ved fælles sammenfald er, at de ikke involverer eller interesserer os, fordi vi anser disse sammenfald for at være indlysende.

På den anden side åbner synkrone tilfældigheder et stort vindue på mysteriums panorama. Disse tilfældigheder får os til at komme ind i verdener hvis eksistens vi ikke engang har mistanke om.

Bag enhver synkronitet er der helt ukendte universer til at udforske og enorme visdom at trække fra. Desværre har vi ingen øjne for at forstå disse landskaber. På samme måde kender vi ikke det sprog, som synkroniteter forsøger at kommunikere med os.

Der er tuning problemer mellem vores sind og det universelle sind, der skaber alle synkroniteter til vores fordel.

En lille statue flyver fra vinduet

Remigia, den ældre kvinde, der tjener i de Hellige Arkeanglers kirke, observerede endnu engang den samme pige. Som sædvanlig stoppede hun og knælede bag på kirken. Hans besøg blev altid sket, da kirken var tom, på et tidspunkt hvor der ikke var religiøse tjenester.

Pigen var altid meget bøn, og hendes triste udtryk kunne ses.

På den dag så Remigia en tåreflash over hendes ansigt.

På grund af sin naturlige godhed, men også en bestemt nysgerrighed, ventede han på hende at stå op. Da hun forlod kirken, steg Remigia op til hende og forsøgte at åbne en dialog med hende for at finde ud af årsagen til hendes lidelse.

Gennem en hjertelig udveksling af tanker og almindelige argumenter samledes han hans tillid. Pigen, hvis navn var Sabina, havde passeret ungdommens tid, og havde meget gerne ønsket at finde en ledsager for at skabe en familie. Desværre blev drømmen ikke realiseret.

Remigia trøstede hende og gav hende det bedste råd. Derefter huskede han, at han blandt sine roller som samarbejdspartner i kirken også skulle passe på at sælge souvenirs.

Så syntes kvinden, at det var tid til endelig at slippe af med en statue af Angel Raffaele. Denne hellige objekt skildrede en af de tre ærkeengler og havde været udsat for glaset i souvenirskabet i mange år, da ingen nogensinde havde købt det.

"Se Sabina" - sagde Remigia, da han førte hende til souvenirskabet - "Jeg foreslår, at du beder hver dag til engelen Raphael, hvem er beskytteren af forlovede og den giftede kærlighed". Denne gipsmodel er en kopi af en sølv original fundet i Napoli. Ærkeenglen Raphael er afbildet sammen med en ung mand og en fisk. Den unge mand hedder Tobias, og han rejste for at gifte sig med en ung kvinde ved navn Sara, efter hans families ønsker.

Desværre blev Sara besat af Asmodeus-dæmonen, og hver gang hun giftede sig, døde sin mand på bryllupsnatten.

Denne ulykke var allerede sket syv gange.

Men Tobias vidste ikke, at han ville være hendes ottende mand.

Heldigvis blev Tobias ledsaget på rejsen til Sara af Angelo Raffaele.

En gang på bredden af en flod stoppede de to hvile. Tobias gik i land for at drikke, men blev angrebet af en stor fisk. Raffaele hjalp ham og sammen dræbte de fiskene. Englen beordrede Tobias at åbne fiskens mave og fjerne hans lever; han beordrede ham til at holde det, fordi det ville bringe ham held og lykke.

Tobias ankom til sin destination og var parat til at fejre brylluppet, mens saras far allerede forberedte graven for ham. Men på det tidspunkt var graven ubrugelig.

Under beskyttelse af Raffaele tilbragte de to ægtefæller den første nat at bede. I mellemtiden har de produceret dampe ved at forbrænde fiskens lever. På denne måde nærede dæmonen sig ikke og blev besejret. Sara blev løsladt fra forbandelsen og levede lykkeligt med Tobias ".

Remigia afsluttede historien på denne måde:

"Selv dig, kære Sabina, kan stole på Raffaele. Hold denne lille statue i dit hus og bede hver dag til englen, du vil se, at han snart hjælper dig.

Tænk bare, Sabina, at mange piger stadig besøger sølvstatuen på dette tidspunkt i Napoli den 29. september. Som vi siger i den napolitanske dialekt, går pigerne " *a vasà 'o pesce 'e San Rafèle* ". (for at kysse den vidunderlige fisk af St. Raphael).

Sabina købte statuen med stort håb og lagde det over et skab derhjemme. Hver dag reciterede han sin bøn. Tid gået: en uge, en måned, tre måneder ... men der er ikke sket noget.

I et øjeblik af ejendommelig fortvivlelse tog den fjerde måned statuen og overvejede det med foragt, mumlende:

"Men hvad en San Raffaele! Ikke engang hjælper han mig!"

Efter at have sagt det kastede han den lille statue ud af vinduet.

Efter et par minutter hørte han dørklokken ringe. Han åbnede sig og stod foran en ung mand. Med en vis skam sagde han til hende:

"Undskyld, jeg så denne lille statue falde ud af et vindue, hvis jeg ikke tager fejl, kom den ud af denne lejlighed, så jeg troede, jeg ville bringe den tilbage."

Sabina var overrasket. Han satte sig og tilbød ham en kaffe. De talte om dette og det. Han lærte at denne venlige gentleman blev kaldt Giulio og var singel. De besluttede at mødes igen. Senere mødtes de oftere og til sidst giftede sig.

Synchronicity.

Hvor begynder tilfældighed i Sabina's historie? Med andre ord, hvor begynder serien af sammenfald?

Når Sabina beslutter at gå til Kirken af de Hellige Arkangler hver dag?

Måske begynder tilfældighed, når Remigia får Sabinas privatliv og lytter til hendes fortrolighed?

Eller begynder tilfældighed for mange år siden, da en statue aldrig blev solgt? Eller begynder tilfældighed, når Giulio går under Sabinas vindue samtidig med at pigen smider den lille statue ud?

Disse er mange fakta, der ikke er relaterede til tiden. Men når vi ser på disse fakta sammen, kan vi se, at de bliver de sammenhængende dele af en historie. Det vil sige, at disse fakta bliver "signifikante" og derfor udgør en samlet "synkronitet".

Udtrykket "signifikant" betyder noget, som indeholder og udtrykker en mening. En væsentlig begivenhed er et "tegn på himlen". Den vigtige begivenhed taler, er veltalende, bemærkelsesværdig, relevant.

Jung bruger også udtrykket "numinous", der betyder "hellighedens halo". En numinous begivenhed bringer frygt og ærbødighed sammen.

I de ovenfor fortalte historier, er indholdet af hellighed ikke følge af, at vi taler om den statuette af en helgen, eller fra det faktum, at den episode af

Tobias er taget fra Skriften. Den overordnede begivenhed af en synkronitet er "numinous" med en bredere betydning. Faktum fortjener særlig respekt, fordi den kan fremkalde en følelse af åndelig ærefrygt.

De to præsenteret af mig historier, der anses af Maria og Sabina kan bruges som synchronistic episoder.

Faktisk svarer til deres egenskaber er angivet af Carl Jung for at afgøre, om en episode er synkron eller ej.

følge Jung er de vigtigste træk ved synkronitet tre.

Det første træk er, at de to eller flere fakta, der udgør synkronicitet, der ikke er forbundet med et forhold mellem årsag og virkning. I forbindelse med synkronitet er ingen af fakta en direkte konsekvens af en anden kendsgerning. Forbindelsen er intellektuel og forekommer i emnet.

I eksemplet relateret til Mary er det indlysende, at kaldet Ciccio ikke er et resultat af genopdagelsen af fotografiet.

På samme måde er afvisningen af statuen, der kastes væk af Sabina og passagen under Giulios vindue, ikke koordineret.

Det andet træk ved synkronitet er, at fakta producerer et følelsesmæssigt respons i den berørte person. I den første episode vil Maria huske historien i årevis. I den anden historie er Sabina inddrageligt involveret til det punkt, hvor hun gifter sig med Giulio.

Den tredje karakteristika er faktaens symbolske karakter; Desværre gør det dem svært at forstå. Selvom det ikke er muligt at give en logisk forklaring på hvorfor disse begivenheder fandt sted, føler du, at de gemmer en mystisk besked, der afventer dekryptering. Hvis vi vil sige det som Jung, siger vi "de har en numinøs karakter."

Kollektive ubevidste og arketyper.

For fuldt ud at forstå synkronicitetsbegrebet skal vi undersøge Jungs teorier. Det første argument giver os mulighed for at forstå oprindelsen og driften af synkroniteter. Jung teoretiserer et koncept, der allerede var kendt i udviklingen af menneskelig tanke og kalder det *"kollektiv ubevidst."*
I sine studier tyder Jung på, at den menneskelige psyke kan opdeles i tre niveauer.

Niveauet for individuel bevidsthed

Det første niveau er det, vi kalder "individuel bevidsthed." Dette niveau indeholder alt, hvad vi ved om os selv og miljøet. Bevidsthed er evnen til at forstå og evaluere de fakta, der opstår inden for vores oplevelses område. Takket være vores samvittighed ved vi med rimelighed, hvad der vil ske i vores nærmeste eller nær fremtid. Udtrykket "samvittighed" kommer fra det latinske *"conscire"*, hvilket betyder *"at være opmærksom på, at vide"*. Med andre ord viser bevidstheden den viden, som hver person har om sig selv og hans åndelige indhold.
Derfor er bevidstheden det sted, hvor vores tankegang er udviklet. Beslutninger og adfærd modnes i bevidsthed. Bevidsthed gør skelnen og

gør rimelige valg i overensstemmelse med vores måde at forstå verden på.

Den enkelte ubevidste

Det andet niveau er stedet for det ubevidste. Her kommer ideer, overbevisninger og adfærd frem og vokser, der ikke er under vores direkte kontrol.

For eksempel udføres vigtige funktioner som vejrtrækning og hjertemuskelkontraktion her.

I den del af vores bevidsthed, som vi ikke ved, er der frem for alt de instinkter, tendenser, holdningerne. Inklusive de "ubevidste præferencer" for en bestemt kunstform og ikke for en anden. Det ubevidste beslutter ubevidst præference for en farve eller en anden, for et erhverv eller for den anden.

Sigmund Freud henviste også til det personlige ubevidste. Freud lærer, at dette er en oprindeligt tom beholder, som derefter udfyldes i løbet af livet med alle "samvittens bortkastede rester".

Jung tænker helt anderledes Han hævder, at det ubevidste har funktionel autonomi siden menneskehedens begyndelse. Ifølge Jung er mennesket faktisk mere domineret af hans ubevidste sind end hans samvittighed.

Det underbevidste sind ville have en balancefunktion i forhold til bevidstheden. Der er indhold af bevidsthed, som kan blive bevidstløs. Dette sker i en mekanisme, som lader dig glemme. Derudover er der information i sindet, der frivilligt kan glemmes, fordi det er resultatet af smertefulde hændelser. Nogle oplevelser kan fjernes, fordi de er forbundet med episoder, som vi skammer på, eller hvis virkelighed vi ønsker at nægte.

I disse tilfælde gør vi en *"fjernelse, undertrykkelse"*, som aldrig er endelig og fuldstændig.

Faktisk gør vi intet, men flytter minder fra vores bevidste side til det ubevidste.

I visse situationer kan tilsyneladende slettede oplevelser imidlertid komme ud af det ubevidste.

Den væsentligste forskel mellem Freuds og Jungs afhandling er, at ifølge Jung er det underbevidste sind ikke blot et lager, der gradvis er fyldt med oplevelser, som samvittigheden klassificerer som ubrugelige.

Jung værdsætter det underbevidste meget mere positivt.

Ifølge Jung er det underbevidste et sted fuld af nye og kreative ideer. Ubevidst opstår mange konceptuelle konstruktioner og mange originale projekter, der vedrører nutiden og fremtiden, og vokser.

Ifølge Jung indeholder den enkelte ubevidste frø af viden og kreativitet. Disse er helt originale ideer, der ville føre til formuleringen af de klassiske spørgsmål: "Men hvordan ved du det? Men hvem sagde det til dig?"
Forudsætningen er, at det ubevidste indeholder ideer, der ikke er relateret til individets oplevelse. Disse ideer var altid til stede. Fra denne forudsætning kommer "spørgsmålet": Hvis disse ideer eksisterer fra før, *hvor kommer de fra?*

Den kollektive ubevidste

For bedre at forklare det kollektive ubevidste, forlader vi ordet til Carl Jung selv, som beskriver det i hans 1936 udgivne værk med titlen "Das Konzept des kollektiven Unbewussten."

"Den kollektive ubevidste er en del af psyken, og det kan skelnes fra det personlige ubevidste ved at den ikke skylder sin eksistens til personlig erfaring og derfor ikke er en personlig erhvervelse.
Den enkelte ubevidste består i det væsentlige af indhold, der eksisterede i

sindet, men forsvandt da, fordi det blev glemt eller fjernet.

I stedet var indholdet af det kollektive ubevidste aldrig til stede i bevidsthed og derfor aldrig individuelt erhvervet, men skyldes deres eksistens udelukkende til arvelighed.

Den enkelte ubevidste består hovedsagelig af komplekser. I stedet er indholdet af det kollektive ubevidste hovedsageligt dannet af arketyper.

Min afhandling er derfor følgende. Der er et første psykisk system, der omfatter vores individuelle bevidsthed. Dette omfatter den personlige ubevidste. Derudover er der et andet psykisk system af kollektiv og universel karakter, der ikke henviser til den enkelte sfære, men er identisk for alle enkeltpersoner.

Denne "kollektive ubevidste" udvikler sig ikke til enkeltpersoner, men er arvet. Det kollektive ubevidste består af "allerede eksisterende former", arketyperne. "

Derfor er der ifølge Jung, et niveau af bevidsthed ud over vores sind, som ikke er begrænset til vores kranie, men distanceret i forhold til vores kropslighed og er autonom.

Dette bevidsthedsniveau, som er et psykisk niveau, kan ikke placeres overalt. Det er ikke en "ting", der har bredde, højde og vægt. Det kan ikke fjernes herfra og flyttes der. Det kollektive ubevidste eksisterer såvel som vores sjæl. Det eksisterer som et træs alder eller flodens klarhed. Ingen kan se eller veje alderen på træet eller floden, men ingen kan benægte, at den eksisterer.

Det kollektive ubevidste er en absolut psykisk virkelighed, der indeholder alle menneskers oplevelser i form af arketyper.

Fordelen er, at alle mennesker kan interagere med arketyper.

I dag kan vi sige med et teknologisk sprog, at alle oplysninger om den menneskelige race, er gemt i en enorm mængde af *file,* der er nævnt som arketyper.

Da alle mennesker kan interagere med arketyper i det kollektive ubevidste, de alle har en stor viden, men ved det ikke.

Jeg skriver disse ord med min computer. I sin hukommelse er der en ordbog og et program til grammatisk fejlkorrektion. Jeg skabte ikke disse værktøjer og vidste ikke engang, at de eksisterede, indtil jeg lavede en fejlskrivning.

Jeg ved ikke præcis, hvor disse "applikationer" er. Måske placeres de "i skyen". Men hvis jeg begår en fejl, intervenerer disse applikationer. De første par gange stod jeg der og så på skærmen, med de små ord fremhævet i rødt, og jeg kunne ikke forstå hvorfor. Efterhånden blev jeg vant til det og indså, at den røde understregning angav en fejl.

Desværre angiver softwaren ofte ikke hvilken fejl den er.

Det ville være interessant, hvis de bedste dele af mine skriftlige afhandlinger blev understreget i blåt for at angive, at et mystisk stykke software er tilfreds med min stavning.

Måske forstår jeg ikke engang det, fordi computeren udtrykker sig på en måde, der ikke er umiddelbart forståelig.

Det er ofte nødvendigt at høre en referencehåndbog.

Synkroniteter er noget som dette. Disse er signaler, der kommer til os fra en "grammatik checker", som er placeret hvem ved hvor.

Det er en software, der distribueres i en enorm "sky".

Tal med os med et "maskinsprog", det vil sige det er udtrykt på en uforståelig måde.

Arketyperne ligner denne grammatik checker.

Sommetider går arketyperne fra det kollektive ubevidste og påvirker vores bevidsthed.

De kommer til at foreslå korrektioner til de ord, vi skriver i vores livshistorie.

Vi bør undgå at irritere os selv, når dette sker, selvom arketypernes interventioner skaber vanskelige at forstå episoder, som de mærkelige sammenfald.

Disse er røde eller blå linjer. Vi mærker tilstedeværelsen af et skjult sind, men vi forstår ikke helt hvad det betyder.

En ide så gammel som verden

Carl Jung havde fortjent at offentliggøre sin afhandling på det kollektive ubevidste efter videnskabelige kriterier. Ideen var ikke ny. Siden begyndelsen af menneskeheden og siden de første manifestationer af menneskelig tanke har tro på et højere niveau af psykologi udviklet sig. Begrebet "ideernes verden" blev født i græsk civilisation.

Kort sagt har mennesket altid troet på et åndeligt herredømme, der er adskilt fra den materielle virkelighed, der normalt domineres.

Hver gang en guddommelighed er identificeret i naturlige objekter som solen eller månen, har en personlighed altid været tildelt den pågældende genstand. Solen rejser sig og sætter hver dag til at give liv til jorden.

Men solen har sin egen vilje, så en morgen kan det beslutte ikke at stå op.

Fra denne frygt kommer behovet for at organisere kulten og gøre ofre for at behage det.

Troen på de palaeolitiske og neolitiske perioder ændrede sig til et raffineret koncept i den klassiske periode i det antikke Grækenland, "verdens sjæl".

I dag er dette begreb kendt af det latinske udtryk "Anima Mundi". Det er et filosofisk begreb, der anvendes af tilhængerne af den græske filosof Plato for at vise naturens vitalitet.

Anima Mundi udtrykker totaliteten af naturen og betragter den som en levende organisme udstyret med unikhed.

 På samme tid er verdens sjæl tæt knyttet til hver enkelt sjæl. Udtrykket betyder således et univers, hvori "alt er en", men hver individualitet bevarer de egenskaber, der adskiller det.

Jung uddybede i samarbejde med Wolfgang Pauli (Nobelprisen for fysik 1945) muligheden for, at udtrykkene "archetipo" og "synchronicity" kunne associeres med en virkelighed, der definerede "Unus mundus".

Det er en realitet, hvorfra alt kommer ud og alt vender tilbage til hende.

Det er det samme begreb "anima mundi", der kommer fra "monismen" af Platon, senere udviklet af de neo-platonistiske filosoffer.

Filosofierne og religionerne har accepteret og integreret begrebet verdens sjæl.

I dag er dette koncept repræsenteret af forskellige navne i østfilosofien. Vi kan huske "Tao" af den kinesiske kultur eller "Atman" af den indiske kultur. Men vi finder også dette koncept i den vestlige religiøsitet, i figur af "Helligånden".

Den sekulære kultur henviser også til verdens sjæl med mange forskellige navne, såsom universelt sind, global bevidsthed, verdens ånd.

Når vi taler om det "kollektive ubevidste", henviser vi ikke til nogen af disse enheder, men vi understreger, at der er stærke ligheder med hver af dem.

Arketyperne

Det kollektive ubevidste skaber derfor mange ligheder med de åndelige begreber udviklet i menneskelig kulturel udvikling.

Andre ligheder fremkaldes af et andet begreb relateret til det "kollektive ubevidste" af Carl Jung.

Lad os tale om "arketyper".

Arketyperne er konceptuelle kategorier, der ligner de arkaiske strukturer, der er typiske for myter og religioner, men ligner også eventyrkaraktererne i populærkulturen.

Faktisk troede Jung selv, at han ikke havde foreslået noget nyt. Han erkendte, at arketyper kan betragtes som ligner de vigtigste mytologiske typologier af enhver historisk epok og menneskehed.

Arketyper kan derfor være så uendelige som evnen til menneskelig tænkning for at skabe virkelige eller fantastiske situationer er uendelig.

Der er dødens arketype og frygtens arketype, arketypen af meningsløs grusomhed og medfølelse for smerte.

Der er også alle arketyper forbundet med visionerne i vores drømme. I drømmen bliver drømmebilleder symboler, det vil sige arketyper. Lad os tale om tegn som hesten, edderkoppen, springet ind i vakuum eller ulven, der forfølger os. Hver figur vi introducerer er til stede i det kollektive ubevidste som en arketype. Hver figur har en betydning, der ikke svarer til selve figuren, men har en symbolsk værdi. For eksempel symboliserer hesten ønsket om at rejse til de åndelige verdener.

Platon mener også, at arketyper er noget, der tilhører os gennem arv uden direkte at opleve deres indhold.

Filosofen mener, at vi kender arketyperne, fordi vi så dem, før de blev født. For at understøtte denne teori bruger han "Reminiscence Theory". Vores sjæl lever før vi kommer ind i en krop i "verden af ideer".

I denne verden har sjælen erhvervet sin viden, som ikke går tabt, når den samme sjæl er udformet i en krop. Derfor siger Platon at "at vide er at huske", fordi vi har erhvervet viden før fødslen.

I modsætning hertil er Jungens kollektive ubevidste et sted, hvor ideer fra vores sjæl før fødslen er utilgængelige.

Disse ideer, disse er arketyperne, der manifesterer sig i vores individuelle ubevidste først efter fødslen i hele vores liv.

Nogle gange betragter vi arketyper som abstrakte udtryk. Jung betragtede dem ikke som sådan, fordi abstraktion ikke har sin egen "form".

Jung troede på den anden side, at arketyper kunne manifestere gennem antagelse af en "form".

Fordi de kan "tage form" i vores ubevidste, er arketyper kilder til "psykisk energi". De er i stand til at frigøre deres potentiale på mennesker gennem drømme, mærkelige sammenfald, forebodings og åndelig indsigt, der danner grundlag for synkroniske episoder.

Forskellen mellem Platons opfattelse og Jungs opfattelse ligger i den proces, hvorved vi kender de arvede ideer, der ikke er relateret til oplevelsen.

Ifølge Platon kender sjælen ideerne før de kommer ind i kroppen. I Jungs teori virker arketyperne med det enkelte ubevidste efter fødslen og hele livet.

Denne forskel bliver klarere, når du overvejer, at ifølge Jung, bliver arketypernes handlinger meget stærkere i visse øjeblikke. Dette sker især, når personen oplever stress- eller krise- og transformationsmomenter.

Faktisk er den bevidste del af individet mere rationel og mere tilbøjelig til at gå på kompromis med livets virkelighed.

I stedet er det underbevidste sind instinktivt og fantasifuldt, ofte uden frygt for instinktiv og irrationel adfærd.

Følgelig rejser den bevidste del af individet en solid projektionsbarriere for at holde ubevidste instinkt i kontrol.

Dette er ikke altid godt og ofte virker det ikke. Der er tidspunkter, hvor barrieren skabt af bevidstheden ryster eller endda falder sammen. Dette er øjeblikke af en eksistentiel krise, som f.eks. Tab af et job eller enden af et forhold eller et familiemedlems forsvinden.

I disse tilfælde er den rationelle samvittighed traumatiseret, fordi den kolliderer med en virkelighed, der var så rå og smertefuld.

Samvittigheden stiller spørgsmålstegn ved rigtigheden af dens overbevisninger og undrer sig over, hvordan det muligvis gjorde en fejl. I disse forsvaret sænkes, den beskyttende barriere ikke længere uovervindelig.

Den individuelle underbevidsthed skaber en strøm af psykisk materiale, der overskrider barrieren og tager form af synkronitet.

Derfor følger synkronicitet altid altid behovet for forandring. Nogle gange går det forud for eller foreslår det. Men han gør det altid i en symbolsk form og bruger et ekstremt vanskeligt sprog til dekryptering.

Blandt de mange eksempler i Jungs arkiv er måske det mest kendte, hvad der skete under en patients behandling.

I sin 1952-essay med titlen "Synchronicity: An Acausal Connecting Principle" beskriver Jung begivenheden på følgende måde:

> "En ung kvinde havde en drøm i sin terapi på et afgørende tidspunkt, og i drømmen fik patienten en guldbille som en gave.
>
> Mens den unge kvinde fortalte mig denne drøm, sad jeg med ryggen til det lukkede vindue. Pludselig hørte jeg en støj bag mig, som om noget bankede forsigtigt mod vinduet.
>
> Jeg vendte mig om og så et winged insekt, der ramte ind i vinduet udefra. Jeg åbnede vinduet og fangede insektet. Det lignede meget på en guldbille, det vil sige en "Cetonia aurata", en bille af roser.
>
> Naturligvis havde insektet tvunget sig til at komme ind i vores mørke rum. Dette modsiger hans vaner.
>
> Jeg må tilføje, at sådan et tilfælde aldrig er sket med mig og aldrig sket med mig bagefter. Denne patients drøm forblev en unik kendsgerning i min erfaring. "

Jung fandt senere, at patienten var en usædvanligt vanskelig sag: hun havde ikke engang haft en lille forbedring indtil den dag.

Hun var en meget rationalistisk kvinde i sin tro.

En ekstraordinær begivenhed ville have været nødvendigt for at ryste hende, men Jung kunne ikke producere det.

Scaraben drømmen havde denne funktion, fordi Hun havde imponeret patienten, så hun var begyndt at nedsætte sin rustning. Men da scaraben faktisk kom ind gennem vinduet, svarede den unge pige meget mere, som Jung beskriver som følger:

> "Hans naturlige væsen har lykkedes at bryde gennem rustning og transformationsprocessen, som altid skal ledsage en terapi, er begyndt".

Senere forklarer Jung begivenheden i psykoterapeutiske termer og beskriver, hvorfor episoden viste sig effektiv til pigens genopretning. JJung påpeger, at billedet af scaraben er et klassisk symbol på genfødsel. Ifølge beskrivelsen af den antikke egyptiske bog "Am-Tuat" bliver solguden en scarab på stien efter hans død i det tiende stadium.

I denne form stiger solen op til det tolvte stadium. Her forynger han og kan komme ind i båden, hvilket bringer ham til morgenhimlen. På denne måde kan solguden genfødes på en ny dag.

Hvordan synkroniteter opstår

Synchronicities pludselig finde sted i folks liv, hvis den syge psyke opfatter en analogi mellem hans behov og arketyper i det kollektive ubevidste.
I disse tilfælde kan psyken bruge arketyper gennem det underbevidste sind.
Faktisk vil arketyper bestræbe sig på at hjælpe med velfærd for den enkelte. Ifølge nogle teorier, de samme arketyper har evnen til at tage initiativ.
Forskellen er signifikant. I det første tilfælde antager vi, at der er en psykisk beholder, hvorfra de oplysninger, den altid indeholder, kan udvindes som vand fra en brønd.
I det andet tilfælde forestiller vi os eksistensen af en overlegen intelligens, der er i stand til at kende individets behov og gribe ind med deres egen hjælp.
I de fleste tilfælde forekommer det mest sandsynligt den anden hypotese. I analysen af forskellige tilfælde af synkronicitet ville vi alle blive tilskyndet til at identificere en retning eller endda tilstedeværelsen af en "universel ånd." Vi taler om en "sjæl af verden", som er i stand til at

stå op for alle skabninger uden rumlig og tidsmæssig begrænsning. Vi kan kalde denne ånd med det navn vi foretrækker.

På denne måde bliver universet en samlet virkelighed, der er sammenkoblet i alle dens dele.

Hver tilsyneladende separat element i virkning danner en enhed med det hele.

I hans individualitet, dvs. i hans ego bliver mennesket et molekyle, en del af en større organisme, som vi kan kalde en intelligent kosmos.

Det kosmiske sind (eller universelt sind) beskytter mennesker og styrer dem gennem synkroniske episoder.

Jung kaldte denne samlende virkelighed af stof og ånd som "psychoid". Det er et niveau, der ligger over stof og psyke, men begge inkluderet.

Desuden ligner det kollektive ubevidste, som vi har set i de tidligere eksempler, slet ikke en butik af stablede varer, men har en intelligens udvidet til fortiden og fremtiden.

Denne intelligens kan ikke forklares af vores tænkningskategorier. Vi er vant til en verden, hvor tingene sker efter hinanden. I vores erfaring er enhver kendsgerning en "konsekvens" af en tidligere kendsgerning og en "årsag" til en efterfølgende kendsgerning.

På det kollektive ubevidste niveau kan informationen komme til bevidsthed i en hvilken som helst rækkefølge uden at respektere tidens forløb. Dette sker, når en præmonition advarer os om en kendsgerning. Det sker også, når et "telepatisk opkald" viser os den farlige situation hos en person, som vi har venlige bånd til. I dette tilfælde har kommunikationen ingen tids- eller afstandsgrænser. Personen kan være hundreder af miles væk.

Der er tusindvis af vidnesbyrd fra folk, der har vågnet op midt om natten, mens en ven bliver angrebet eller er involveret i en ulykke.

Der er også utallige vidnesbyrd om kendskabet til døden hos en person, der bor langt væk. Denne viden er født samtidig med at personen dør.

De typiske egenskaber ved et synkronistisk fænomen kan opsummeres i følgende få sætninger. En synkronitet er summen af to eller flere nøglefakta, der ikke logisk er forbundet. Disse fakta giver kun mening til den person, der modtager synkroniciteten.

Synkronitet forekommer i to dele. Den første del er dette. Overalt i verden og til enhver tid får en person et billede i hans ubevidste. Han kan modtage det i form af en drøm, en præmonition, et telepatisk opkald, en pludselig ide, et direkte billede eller et symbolsk billede.

Den anden del er dette: På ethvert sted i verden og til enhver tid bekræfter et begivenhed eller faktum det billede, som personen modtager.

Eller den person, der modtager synkroniciteten, kan fortolke det som et fingerpeg om at forbedre hans liv.

Den amerikanske forfatter Louis L'Amour (pseudonym for Louis Dearborn La Moore) fortæller på sin hjemmeside den utrolige historie om fru Sarah Richley, en stille husmor. Hans søn Peter havde en overvældende passion for havet. Som voksen besluttede Peter at tilbringe sit liv i det element, han elskede så meget. Han gjorde det på trods af sin mors bekymring og hans modsatte mening. Både for uagtsomhed og vanskelighederne med at opretholde kontakt med fastlandet har mor og søn mistet hinanden.
Dette er proloen. I det følgende finder historien sted i to handlinger.
Den første handling vil tjene til at fortælle det eventyr, som Peter oplevede på en af hans rejser i 1829. Disse er fakta, der virkelig er sket og er blevet omhyggeligt registreret i Marineregister. Disse utrolige fakta blev offentliggjort i den syvende mængde af "Great Encyclopaedia of the Sea" af den berømte dokumentarproducent Folco Quilici.

I oktober 1829 sejlede den australske skonner "havfrue" fra Sydney til Collier Bay i den vestlige del af det australske kontinent under kommando af Samuel Nolbrow.

Skibet havde 18 besætningsmedlemmer, herunder Peter Richley, og bragte også tre passagerer.

På den fjerde dags forsendelse, da båden var i det yderst farlige Torres-strædet mellem Australien og New Guinea, skete der uigenkaldelig.

Banker af truende skyer nærmede sig. Vinden stoppede og skibet blev lukket ned. Midt på natten udbrudte en voldsom storm, der ramte skibet.

Skonneren Havfrue blev gentagne gange kastet mod en koralbank og rystet trods besætningen's desperate indsats.

De 21 mænd forlod den ødelagte båd, dykkede ind i havet og svømmede over en sten. Kaptajnen der ankom sidst fandt, at alle 21 var sikre.

De overlevende tilbragte tre dage og tre nætter på klippen.

På den fjerde dag kørte brigen ved navn "Swiftsure" til dette område. Han så de overlevende castaways og reddede dem

Men efter fem dage stødte Swiftsure også en turbulent havstrøm og sank.

Alle mænd forlod skibet i en fart. Endnu engang blev alle gemt.

Efter en kort tid passerede han skonneren "Governor Ready", som havde 32 besætningsmedlemmer.

Skonneren tog overlevende af de to tidligere nedsænkte skibe ombord.

Desværre var de negative begivenheder ikke ovre endnu. Skonneren fortsatte på sin rejse, men blev belastet af for mange mennesker.

Ikke mange timer gik, da en brand brød ud om bord.

Måske var ilden blevet antændt af Castaways uden forsigtighed.

Lykkedes ingen at tæmme flammerne, og alle besætninger på "Mermaid", den "Swiftsure" og "Governor Ready" blev tvunget til at kravle ind på redningsbåde.

Men denne gang de overlevende til lykke kunne takke, fordi efter kort tid den australske Schneider skib "Comet" dukkede op i horisonten.

Med en heldig tilfældighed blev denne båd tvunget ud af ruten ved en storm, så mødte han redningsbåde.

Når sejlere i "Comet" fundet ud af, at disse mennesker var overlevende fra tre skibsvrag, de beklagede at have reddet hende.

I mellemtiden var de om bord. På båden var et klima af stor spænding, fordi de sejlere af "Comet" var overbevist om, at disse mennesker var ledsaget af en ond skæbne.

De frygtede for, at samme skæbne ville ramme Comet.

De var ikke forkerte.

Efter fem dages navigation led Comet også skibbrud. Denne gang var der ingen redningsbåde for alle, således at mange forbliver i vandet og hænge på resterne af det sunkne skib tilbage. De måtte modstå i 18 dage, før de blev reddet af en damper fra det australske postskib, "Jupiter".

Utroligt, efter fire skibsvrag var der ingen ulykke blandt Castaways. Faktisk blev ingen skadet, undtagen de små blå mærker du kan forestille dig.

Peter Richley havde sandsynligvis roet sit ønske om at sejle i denne sag. Men historien var ikke overstået endnu.

Efter en kort navigation faldt damperen "Jupiter" mod en sten og sank.

Heldigvis var passagerskibet "City of Leeds" nær dette sidste skibsvrag. Dette skib reddet alle overlevende fra de fem skibsvrag og bragte dem til sikkerhed i Sydney.

I denne australske by fortalte alle Castaways deres eventyr.

Fortælleren på "Encyclopedia of the Sea" konkluderer sin historie med denne kommentar:

"En simpel tilfældighed? Måske, men i sådanne tilfælde synes der at være en højere vilje."

Dette vil tage begivenhederne genereret tilfældigt og føre dem til konklusioner, der synes at svare til menneskelige ønsker ..."

Her afsluttes historien, som vi har defineret som "første akt".

For Peter Richley er historien endnu ikke overstået. Før han gik, var Peter stadig ombord på skibet "City of Leeds" og vidne til historiens anden handling. Denne anden handling er, hvis det er muligt, endnu mere utroligt end den første.

Den utrolige historie om Sarah Richley. Lov II

Lad os gå tilbage til historien om forfatteren Louis L'Amour. Denne gang sker alt ombord på passagerskibet City of Leeds.

Dette skib havde forladt Storbritannien og rejste til Sidney. Det transporterede passagerer med forskellige sociale baggrunde, der ønskede at komme til Australien af forskellige grunde.

I betragtning af det betydelige ubehag, som rejser med skibe havde i 1800-tallet, var de rejsende for det meste unge og robuste og havde et godt helbred.

Normalt havde ombordlægen ingen store problemer med udførelsen af sit arbejde.

På denne tur havde lægen dog store vanskeligheder, fordi en gammel dame rejste alene.

På et tidspunkt havde den gamle kvinde kollapset under vægten af hendes år og hendes sygdomme.

Derefter blev kvinden taget til medicinsk rum på skibet.

Lægen havde spurgt hende flere gange:

"Men hvorfor gjorde du, gamle dame, denne rejse fra England til Australien?"

Hver gang kvinden svarede, at hun ikke havde hørt fra sin søn i årevis. Har for nylig lært, at denne søn arbejdede på skibe langs de australske kystruter, havde han besluttet sig for at finde ham.

I hver af disse dialoger tog den gamle kvinde et lille portræt fra sin pung hver gang for at vise lægen den unge ansigt.

"Det er min søn, det ville være nok for mig at se ham engang, bare for at dø i fred, hjælpe mig, doktor."

Lægen var en følsom person og ville hjælpe hende, men han vidste ikke hvordan man skulle gøre det.

Efter en af disse samtaler foretog lægen et kontrolbesøg hos nogle af de overlevende til søs.

Mens han stadig havde billedet af kvindens søn i øjnene, stod han over for en sømand, hvis ansigtsegenskaber var meget ens.

Sejleren havde mørkt hår, en høj pande, en akvatisk næse, tynde læber og en udtalt hage. I en overfladisk undersøgelse kan han ligne portrættet. Selv sejlerens alder kunne matche. Faktisk var der en god lighed.

Lægen blev ramt af en ide.

Hvorfor ikke præsentere denne unge dame for den gamle dame, hvis syn ikke længere var perfekt?

Denne velvillige bedrag han ville få hende til at dø i fred

Lægen forklarede alt for den unge mand og spurgte ham om han ville overtage sønens rolle. Men den unge mand ønskede ikke at vide.

Lægen insisterede på at sige:

"I princippet ville du bare gøre et job til det gode, bare lade som om dit navn er Peter i et par minutter."

Den unge mand gav vej.

"Så jeg ville ikke lyve, for mit navn er virkelig Peter, men jeg vil gerne vide mere, hvem er netop denne dame?

"Det er en engelskkvinde, en bestemt Sarah Richley."

Den unge Peter var blege og en tremor rystede hele sin krop og udbrød derefter:

"Men det er min mor!"

Den gamle dame var virkelig sin mor.

Sagen gav det resultat, at de to mødtes på grund af fem skibsvrag.

Men var det virkelig tilfældigt eller var det en utrolig serie af synkronitet?

For kærester af historier med en lykkelig afslutning, vil vi sige at efter glæden ved at finde sin søn, genvinde kvinden hendes sundhed og levede i mange år.

Hun har ikke mistet kontakten med Peter. Sønnen fortsatte dog at sejle.

Flere kilder på internettet dokumenterer denne historie, for eksempel:

http://tardis.wikia.com/wiki/Sarah_Richley

Pinsemester Philip Harrelson minder om denne historie hvert år i sin homily på mors dag. Denne vane er husket på pastorens hjemmeside:

https://www.sermoncentral.com.

Nogle hævder, at historien ikke er sand, fordi begivenhederne fandt sted i 1829, mens skibet i Leeds blev senere lanceret.

Faktisk er hvert hav fuld af skibe med samme navn.

Udover "City of Leeds" i vores historie blev en anden "City of Leeds" blev lanceret i 1903 sammen med sin tvilling "City of Bradford". Et andet skib blev lanceret i 1950 under navnet "City of Ottawa", men senere omdøbt til "City of Leeds".

To mere lastskibe med navnet "City of Leeds" blev lanceret i 1908 og 1944.

Er der noget afgørende bevis for, at synkroniteter ikke er illusioner af vores psyke? Kan vi med rimelighed hævde, at synkroniteter kommer fra et højere sind?

Vi finder beviserne, når vi opdager, at der findes synchronistic episoder, hvor flere mennesker er involveret i opbygningen af en begivenhed, der påvirker kun én af dem.

En lignende begivenhed er illustreret af den utrolige række fakta, som jeg lige har foreslået i den tidligere historie. Jeg vil gerne minde om, at disse er fakta dokumenteret i Marineregister.

Men det er ikke nok, der er meget mere.

Synkroniciteter påvirker ikke kun individers eller smågruppers liv. Faktisk intervenerer disse fænomener til at forme verdens kollektive skæbne.

Synkroniteter fører samfund af mennesker, folkeslag, nationer og hele verden til et højere niveau af viden.

Det er en måde for kulturel og åndelig udvikling.

Synkroniteter fører mennesket til et ukendt mål, som man kun kan forestille sig.

Jesuit-læreren Pierre Teillard de Chardin har teoretiseret eksistensen af "Omega Point".

Dette er det højeste niveau af kompleksitet og bevidsthed.

Jeg tror, at et "kosmisk sind" bruger synkroniteter til at lede menneskeheden til "Omega Point".

Mange mennesker tænker på en særlig ejendommelighed for udviklingen af den menneskelige art. Manden viste sig for omkring 4 millioner år siden. Siden dengang har mennesket levet i millioner af år i den brute natur af stenalderen

På den anden side har mennesket oplevet en utrolig spring fremad i de sidste 12.000 år, hvilket har ført ham fra stenalderen til jernalderen og derefter i informationsalderen, er vi i øjeblikket oplever.

Er det logisk, at menneskeheden har opnået en betydelig spring over millioner af år (bortset fra evnen til at behandle stenen på forskellige måder), og derefter nåede det nuværende civilisation på meget kort tid?

Kun i den sidste 0,003% af dens udvikling har man lykkedes at udvikle de nye teknologier, der har forvandlet byer fra ophobning af halmhytter til store skyskrabergrupper.

Det skal understreges, at selv om dyrene havde samme historiske tid, realiserede de ikke åndelig udvikling eller adfærdsmæssig udvikling.

En bestemt videnskab, der forener mennesker og dyr, kan ikke forklare denne kendsgerning.

Hvis alt afhænger af mennesket, skal vores udvikling være gradvis over tid.

Men nej, hele vores udvikling, fra opdagelsen af landbruget, fandt sted i en minimal del af vores rejse gennem historien.

Kan man forestille sig, at "Nogen" eller "Enhver Energi" besluttede efter 99,997% af vores rejse, at det var den rette tid for menneskeheden?

Efter alle fire millioner år besluttede nogen at menneskeheden skal "skubbes", "ledes" til et højere eksistensniveau?

I de sidste fire århundreder har vi oplevet en periode med dyb materialisme.

På det tidspunkt blev tilstedeværelsen af det, der ikke kan vejes, målt og reproduceret i laboratoriet afvist.

I modsætning til denne materialistiske tendens har mange synkroniteter, der har udviklet sig siden forrige århundrede, gjort verden opmærksom på, aat kosmos ikke kun er lavet af materie. Kosmos har to dimensioner, materialet og det mentale.

Mange begivenheder i de sidste årtier bekræfter dette. Vi husker:

- Arbejdet hos Carl Jung, en respekteret psykolog.

- Mødet og samarbejdet mellem Carl Jung med Wolfgang Pauli, Nobelprisen i fysik.

- Udviklingen af kvantefysik og opdagelsen af fænomenet "entanglement", som vi vil diskutere i anden del af bogen.

Alle disse begivenheder og mange andre relaterede begivenheder kan betragtes som en del af en stor synkronitet.

Det er en synkronitet, der forårsager sammenbrud af falske myter, ifølge hvilke universet den er kun lavet af materiel domineret af kausalitet

Samtidig forudsiger denne globale synkronitet et nyt spring fremad i menneskeheden. På dette nye niveau vil årsagerne til psyken, der længe undertrykkes af materialisme, finde deres sted og mening.

Det er alt fint, men ... hvor er de
videnskabelige bekræftelser?

Alt, der hidtil er blevet sagt, har kollideret med det absolutte flertal af det videnskabelige samfund og fortsætter med at kollidere.

Disse miljøer benægter i grunden eksistensen af noget, der kan defineres som "psykisk" eller "åndelig".

De hævder, at hele universet kun består af "ting", det er af materie. Denne materialistiske fortolkning af moderne videnskab blev født i det 18. århundrede med fremkomsten af Oplysningen.

Oplysningen

Oplysningen, som blev født omkring 1700 i England, var en filosofisk, politisk, kulturel og social bevægelse. Denne fortolkning af virkeligheden udviklede sig hurtigt i hele Europa og nåede sit højdepunkt i Frankrig.

Navnet "Oplysning" stammer fra vilje fra sine sponsorer og deres medlemmer. De ønskede at "oplyse" sindet til andre mennesker, som efter deres mening var dækket af overtro og uvidenhed på dette tidspunkt.

Oplysningen blev accepteret og accepteret af de fleste af de kultiverede og aristokratiske samfund, på trods af modsætninger af kirkelig magt.

I sidste ende vandt og lykkedes det materialistiske syn at håndhæve åndens negationistiske værdier i sociale skikke.

Fra de tidlige filosoffer blev grunden betragtet som et nyttigt middel til at se sandheder.

I stedet betragtede oplysnings-tilhængere evnen evnen til at bruge sindetsom et praktisk, operationelt og funktionelt værktøj til udvikling af mekaniske fremskridt.

Efter Oplysningen er begivenhederne af grund ikke længere i filosofisk spekulation, men i opnåelsen af praktiske resultater.

Oplysningen hævdede, at grunden er nyttig hvis det er muligt at forklare fakta og tingene rationelt, uden henvisning til metafysiske argumenter.

I ønsket om at befri folk fra de irrationelle frygt for det ukendte, hævder oplysningstiden, at hver mand har evnen til at forstå den virkelighed, der omgiver ham. For at nå dette mål må man dog befri sig fra overtroiske overbevisninger.

Ifølge Oplysningen er disse overbevisninger pålagt af en magt, der er interesseret i at holde folk uvidende og lettere at kontrollere.

Intentionerne var gode. Desværre er intentioner i kulturelle revolutioner altid gode, indtil de træde i praksis. I praksis sker det ofte, at barnet vaskes og derefter smides væk med snavset vand.

Denne tendens til oplysning fortsætter med at forårsage skader i det moderne samfund.

Et af de grundlæggende principper i oplysningen er, at verden er en maskine. Denne maskine følger de kendte love i fysik og dem, der endnu ikke er kendt. Desværre har maskinen ingen formål. Der er intet formål i hele skabelsen, og derfor er der ingen mening i menneskets eksistens. Mennesket er også en maskine, der opfylder sine vitale funktioner uden formål. Hvis enheden fejler, bliver den smidt væk.

Denis Diderot var forfatteren af den berømte encyklopædi, som blev offentliggjort i 17 bind fra 1751 til 1772 sammen med Jean-Baptiste D'Alembert. Diderot spiller således rollen som en videnskabsmand:

> "Forskerens fag er at undervise og ikke undervise i moralske læresætninger,. I hans lære skal han opgive "hvorfor" og bare nødt til at se på "hvordan".
> "Hvordan" er afledt af ting, fra væsener. I stedet er "hvorfor" bare en frugt af intellektet. Det intellekt er ikke pålideligt. Hvor mange absurde ideer, hvor mange falske antagelser, hvor mange kimeriske ideer kan findes i sangene til ære for Skaberen! "

På trods af denne afvisning af al spiritualitet og visionen om formålsløs og tilfældig virkelighed nægtede oplysningen at være materialistisk. Filosofen Voltaire gentog flere gange, at han ikke var klar til enten materialisme eller spiritisme.

Netop på grund af omfanget af oplysningstiden, som begyndte i det 18. århundrede, blev denne historiske periode kaldes "Siècle des Lumières".
Blandt de vigtigste hovedpersoner kan vi huske den franske Voltaire, Montesquieu og Fontanelle. Men disse hovedpersoner indrømmede, at de var inspireret af den engelske filosofi, som var baseret på empiriske grunde og videnskabelig viden, der er den fremherskende elementer i tanke ved Locke, Newton og Hume.
Oplysningen modtog stor hjælp fra litterære saloner.
Denne kulturelle tradition har været til stede i Frankrig siden Louis XIVs dage.
På det tidspunkt var der damer, der var kendt for deres kultur og verdensrlighed. Disse damer arrangerede møder i deres stuer kaldet "bureaux d'esprit". Nogle gange var arrangørerne også mænd med et godt socialt anseelse.

Således blev møderne i disse "bureaux d'esprit" organiseret af indflydelsesrige medlemmer af den øvre middelklasse eller aristokrati. Disse arrangører inviterede berømtheder til foredrag og diskussioner om aktuelle spørgsmål.

Blandt andet var salonen af Madame Geoffrin kendt. Denne dame inviterede litterære og filosofiske berømtheder som Diderot, Marivaux, Grimm og Helvétius.

Også velkendt var Baron d 'Holbach, der også organiserede møder med de ovennævnte personer ud over abbedet Galiani og andre filosoffer.

Underlaget, der fodrede oplysningen, blev derfor hovedsagelig dannet af den aristokratiske og borgerlige klasse.

Denne omstændighed gør det muligt for os at forstå, hvorfor teorierne om oplysning spredes overalt til de høje niveauer af samfundet.

I populære kredse var distributionen dog næsten ikke-eksisterende. De, der skulle oplyses, forblev i mørket og

udelukket fra enhver fordel.

Men hvis vi ikke går ind i materialistiske og ateistiske holdninger som den sidste fase af tanker Diderot, der er udtrykket "Gud" i de fleste oplysningstidens tænkere.

For at forene denne naturlige intuition med de teorier, de proklamerede, søgte illuministerne at

retfærdiggøre eksistensen af en gud på grundlag af videnskabelige argumenter.
I betragtning af skabelsens vidunderlige perfektion De foreslog eksistensen af en "evig geometer".
Dette var et problem, der plagede Voltaire:

> "Når jeg dømmer ordren og den fantastiske evne til de mekaniske og geometriske love, der styrer universet, bliver jeg besejret af beundring og respekt.
> Jeg indrømmer det højeste intelligens. Jeg er overbevist om dens eksistens. Jeg er ikke bange for, at nogen kan ændre min mening.
> Men hvor er det evige landmåler? Er han en tilstedeværelse på et bestemt sted eller er spredt overalt? Det optager en vis plads eller ej? Jeg ved ikke noget om det. "

Desværre forlod Voltaires tvivl ingen spor i senere århundreder. I dagens videnskabelige panorama er begrebet "Gud", selv i tvivlsom form, blevet helt slettet.
I dag er det videnskabelige miljø med meget få undtagelser fokuseret på materialisme, men heldigvis kan de ikke sprede disse teorier.

Faktisk tror folk fra hele verden, selv dem, der levede længe under den ateistiske totalitarianisms styre, stadig at de ikke er maskiner.

Ifølge materialister er mænd tilfældige agglomerater af stof. Det er umuligt for folk at have en åndelighed og en sjæl.

Mærkeligt nok mener materialister, at "andre" er maskiner uden kritisk forstand, som opfører sig i henhold til mekaniske love.

Den eneste undtagelse de er selv, fordi de er intelligente selv og kan håndtere autonome tanker.

Hvad er klassiske fysikers love, der ikke kan brydes?

Nægtelsen af psykiske virkeligheder er baseret på, at de strider imod fysikkens love, som det univers, vi ved, er baseret på. Ikke alene klassisk fysik, men også lovene i relativistisk fysik er underlagt disse regler. Disse er klare og detaljerede regler.

Kendskabet til disse love gør det muligt på ethvert tidspunkt at forudse, hvordan materiel, som udgør virkelighed, vil opføre sig. Vi kan forudsige objekters opførsel, fra vores cigarettænder til den fjerneste galakse.

Der er et kriterium kaldet "mekanik", der regulerer det kendte univers. Hver begivenhed afhænger af en årsag. Hver kendsgerning bliver årsagen til en efterfølgende begivenhed.

Et bevægeligt objekt, der rammer en fast genstand, skaber et tryk, der kan beregnes nøjagtigt.

Faktisk afhænger trykket hovedsageligt på vægten af de to objekter og hastigheden af det første objekt. Det andet objekt bevæger sig igen i en retning, der kan forudsiges. Hastigheden og varigheden af bevægelsen kan også forventes.

Derudover skal alt for at bevæge sig have et "miljø".

For eksempel flytter et skib over vand og en bil bevæger sig på vejen.

Musik og stemme spredes gennem luften og de bæres af lydbølger.

Overvej de tre vigtigste love.

Den første lov er tidens retning, også kaldet "tidspil".

Tiden går kun fremad, og fakta, der allerede er udført, kan ikke rettes eller ændres.

Tidspunktet for begivenheder bestemmes af tidens forløb, hvilket aldrig tillader os at vende om, selvom det til tider ville være ønskeligt at vende tilbage til fortiden.

Den anden lov er hastighed. Intet kan bevæge sig med en hastighed større end lysets hastighed, svarende til omkring 300.000 km pr. Sekund.

Konsekvensen af den tredje lov er, at hver kraft reducerer sin styrke som en funktion af afstanden.

Dette påvirker især tyngdekraften og magnetismen.

For eksempel falder tyngdekraften, der tiltrækker to planeter, med planeternes afstand.

Jordens tyngdekraftstræk påvirker dets satellit, månen. Indflydelsen på Jupiters satellitter som Europa eller Ganymede er dog absolut mindre.

Ligeledes tiltrækker en magnet en jernobjekt på en vis afstand. Men hvis vi sætter objektet længere væk, falder tiltrækningen og slutter endelig.

Hele universet, som vi oplever, overholder disse love. Derfor kan vi forstå forlegenhed for officiel videnskab, givet muligheden for, at noget undslipper disse love. Sikkert, ting, der ikke overholder fysiske love, omfatter ekstrasensoriske opfattelser.

Ifølge officielle kilder kan foreboding ikke eksistere, fordi du ikke først kan vide noget, der vil ske senere.

Hvor kan informationer om foreboding komme fra?

Der er ingen fysisk container, der lagrer information om fakta, der vil ske i fremtiden. Der er ikke noget arkiv af begivenheder, der endnu ikke er sket.

Menneosketænkning nævnes ofte for at sige, at det sikkert bevæger sig hurtigere end lys. Tanker kan udforske både fortiden og fremtiden. Tanker kan nå alle områder af vores univers og andre mulige

Kvantfysik har gjort store fremskridt med at studere materiale i ekstremt lille skala.

Muligheden for at en udelukkende psykisk dimension virkelig eksisterede, var allerede forudsagt i begyndelsen af forrige århundrede. Fra 1980'erne var eksistensen af denne dimension til idst videnskabeligt bevist.

Vi taler om resultaterne af eksperimenter om fænomenet quantum entanglement

Samarbejde mellem videnskab og psyke

I årtier har der været stor synkronitet, som påvirker hele planeten. Denne globale synkronitet fører menneskeheden til en helt anden forklaring af årsagerne til vores eksistens.

Universet er ikke længere en kaotisk ophobning af materiel bestemt ved en tilfældighed. I denne nye vision er universet en samling af materie og psyke, opbygget på en ordnet måde og styret af et universelt sind.

Denne globale synkronitet repræsenterer summen af mange signifikante sammenfald. Dette omfatter helt sikkert mødet mellem den schweiziske psykolog Carl Gustav Jung og den østrigske videnskabsmand Wolfgang Pauli. Vi kan huske, at Pauli blev tildelt Nobelprisen for fysik i 1945.

De to forskere mødtes i Zürich, hvor de begge levede. Carl Jung praktiserede professionen som psykoterapeut. I stedet var Pauli professor i teoretisk fysik ved Institut for Teknologi.

Mødet fandt sted i 1932. På dette tidspunkt havde Pauli bedt om en aftale med Jung for at undersøge muligheden for en analytisk terapi.

Faktisk spurgte Pauli Jungs hjælp til at løse nogle eksistentielle problemer som følge af de menneskelige begivenheder, hvor han var involveret.

Først blev Pauli lidelse af sin mors selvmord nogle år tidligere. En anden grund til lidelse var hans fars nye ægteskab med en meget ung kvinde af samme alder som Wolfgang.

En anden stærk årsag til lidelse var svigtet af hans ægteskab med Kathe Deppner, en cabaretdanser. Desværre varede dette ægteskab kun et par uger. Som et resultat gik Pauli igennem en meget vanskelig fase i hendes liv. Det var disse grunde, der førte ham til at bede om Jungs hjælp.

Umiddelbart efter at have fået bekendtskab, udviklede en dialog af forskellig art mellem de to videnskabsmænd. Jung gav jobbet af psykoanalytisk terapi til en læge, der var hans medarbeider.

I stedet var emnet for mødet mellem de to deres respektive videnskabelige viden. Dette forhold varede mindst 25 år.

Da de to boede på forskellige steder, blev personlige møder en tæt korrespondance.

I deres argumenter nåede Jung og Pauli grænserne for deres respektive forskningsområder, kvantefysik og psykologi. De to søgte en forbindelse mellem de to videnskaber.

På denne måde blev der etableret en forbindelse mellem to undersøgelsesområder, som indtil da blev betragtet som absolut uforenelige.

Et kulturelt ægteskab blev født mellem Jungs kreativitet og strengheden af Paulis videnskabelige disciplin. Med stor tålmodighed konfronterede de deres teorier uden at have fundet grund til misforståelser eller argumenter. Dette skete på trods af misforståelserne i det respektive videnskabelige miljø.

Pauli studerede Jungs tænkning og delte det alvorligt. På denne måde overvandt han den fremherskende mentalitet i alderen, som definerede de psykebaserede teorier som "meningsløse".

Pauli fastholdt en kritisk holdning, men forsøgte at forstå Jungs teorier.

Selvfølgelig var hovedtemaet for dialogen mellem Jung og Pauli forholdet mellem fysik og psykologi, det vil sige mellem psyke og materie. Det er vigtigt at bemærke, at Pauli ikke var interesseret i synkronitet for at tilfredsstille en kulturel nysgerrighed. Han troede at han havde været hovedpersonen i synkroniske episoder flere gange i sit liv.

I 1952 udgav Jung og Pauli en bog sammen, "*Naturerklarung und Psyche*". Både deres aftale og deres forskelle kan forstås på siderne i denne bog.

Jung bidraget med sit arbejde med titlen "Synchronicity: A Acausal Connection Principle". Pauli bidrog i stedet med essayet "*The Influence of Archetypal Ideas on the Scientific Theories of Kepler*".

Det må siges, at Jung tøvede længe, før han offentliggjorde sin teori om synkronitet. Det var

Pauli selv, der overtalte ham til at introducere hende til dette essay.

Samlet set var Pauli og Jung enige om at materie og psyke skal forstås som komplementære aspekter af virkeligheden selv.

Virkeligheden er bestemt af arketyper, som skal forstås som almindelige principper for orden.

Det betyder, at arketyperne er elementer, der findes på et plan placeret ud over materialet

Pauli kritiserede den materialistiske overbevisning, der var til stede i hans arbejdsmiljø.

Han delte ikke benægtelsen af alt i forbindelse med åndelighed, følelser og menneskelige følelser.

Pauli var overbevist om, at forholdet mellem materiens ydre verden og den indre verden af psyken i den nærmeste fremtid ikke længere kan ignoreres.

Kvantesammenfiltring

Den fysiske lov kaldet "bevarelse af energi" er en af de vigtigste i naturen. I sin mest studerede form hedder denne lov, at energi kan omdannes og konverteres fra en form til en anden.

Men selvom formen af energien ændres, ændres den samlede mængde ikke med tiden. Vi henviser til energien i et "isoleret system". Selvfølgelig er universet et isoleret system.

Richard Feynman er en amerikansk fysiker. I 1965 modtog han Nobelprisen i fysik. I sin bog "The Physics of Feynman, Vol. I" taler Feynman om bevaringsloven:

> "Der er en lov, der styrer velkendte naturlige begivenheder, og der er ingen undtagelser fra denne lov, så vidt vi ved, er loven korrekt. Loven hedder "bevarelse af energi" og er faktisk en meget abstrakt ide, fordi det er et matematisk princip.
>
> Loven siger, at der er en numerisk størrelse, der ikke ændres, uanset hvad der sker. Hans erklæring beskriver ikke en mekanisme eller noget konkret. Dette er en underlig kendsgerning. Vi kan beregne et bestemt tal, som repræsenterer universets samlede energi. Så ser vi på ting, som de ændrer sig. Hvis vi ser på naturen i lang tid, mens vi udvikler og

derefter genberegner nummeret, indser
vi, at tallet ikke er ændret. "

Der er ingen tvivl om, at vi kan antage, at universets samlede energi kan tage forskellige former, men forbliver uændrede.

Denne lov udgjorde enorme problemer, da videnskaben begyndte at studere sagen på det subatomære niveau, det vil sige på det ekstremt lille niveau.

Vi forsøger at forstå hvorfor.

Elementære partikler er udstyret med "spins". "Spin" ligner meget på en rotationsbevægelse. Spin er også underlagt lov om bevarelse af energi

Så hvis vi tager en elektron med "spin" lig med nul og deler den i to dele, har en del "spin" +1/2 (positiv halvdel), og den anden har "spin" -1/2 (negativ halv). , På denne måde er summen af de to halvdele altid nul som i den oprindelige elektron.

Det betyder, at lov om bevarelse af energi overholdes.

Nu laver vi et eksperiment.

Antag at efter at have delt en elektron i to dele, tager vi en af de to halvdele og flytter den til enhver afstand, vi kan forestille os.

Uanset afstanden mellem de to dele ændres deres "spin" ikke for ikke at krænke bevaringsloven.

Men lad os fortsætte vores eksperiment.

Tag en af de to dele, for eksempel den med "positiv halvt spin", og vi ændrer spin af "spin", så det bliver "negativt medium".

Hvad sker der på dette tidspunkt? Det sker, at den anden halvdel, uanset hvor den er i universet, det vender også sin "spin"

Spinningen i den anden halvdel, som var "halv negativ", bliver den "positive halvdel". De to "spins" ændres ikke "den ene efter den anden", men "samtidig".

Det er vigtigt at forstå, at forandringen foregår på nøjagtig samme tid. Information tager ikke tid til at blive kendt i begge halvdele.

Med vores eksperiment har vi reproduceret effekten af "relaterede spins".

Vores to partikler kaldes "korreleret", fordi de blev født sammen, når vi splittede den oprindelige elektron i to dele. Den overraskende nyhed er, at de relaterede partikler kommunikerer med hinanden på enhver afstand, de er i.

Når en partikel ændres, ændres den anden samtidig, fordi loven om bevarelse af energi ikke kan krænkes.

Lov om bevarelse af energi kan ikke krænkes selv med en halv elektron, som er en absolut ubetydelig del af universet.

Hvis vi siger det, synes det at være meget lille, men når vi tænker på det, er det, vi lige har sagt, *i strid med alle klassiske fysikkers love.*

regel, der ignoreres, er i forhold til lysets hastighed, som aldrig kunne overskrides. Faktisk er denne hastighed overskredet meget. Som vi har set, kan vi placere de to partikler i en hvilken som helst intergalaktisk afstand, selv i en milliard lysår fra hinanden.

På trods af denne afstand reagerer hver partikel samtidig på forandringerne i den anden.

Tidsretningens regel er også overtrådt. Baseret på denne regel forekommer hver begivenhed som følge af en tidligere begivenhed.

I det tilfælde, vi undersøger, ændrer de to dele ikke deres rotation efter hinanden, men samtidig.

Begrebet kausalitet, på hvilket grundlag hver begivenhed skyldes en anden begivenhed, er ikke længere gyldig. Dette er også konsekvensen af samtidigheden.

Et andet princip, der ignoreres, er dæmpningen af kraftfelter som en funktion af afstanden.

Ifølge dette princip bør de to dele ændres meget med stigende tilnærmelse. Som afstanden stiger, bør de ændre sig med faldende kraft.

Ikke så: Den "kraftforbindelse", der forbinder de to partikler, forbliver absolut og konstant i rum og tid.

Linket, der forener de to partikler er givet det videnskabelige navn "entanglement", et ord i det engelske sprog, der kan oversættes som "vævning".

Dette udtryk refererer til forbindelsen der opstår mellem to co-genererede partikler, det vil sige "korrelerer".

Denne forbindelse har mere åndelige end fysiske egenskaber. Lignende ting sker ofte mellem menneskelige tvillinger.

Den vigtigste observation blev efterladt sidst, og det er: hvordan kan elektronens to halvdele kommunikere med hinanden?

Det er indlysende, at hvis en af de to halvdele vil ændre retningen af rotationen, nyheden om ændringen krydser ingen fysisk rum og formidles på nogen måde.

I dette tilfælde der bør være en forsinkelse.

Handlingen og reaktionen er imidlertid rettidige.

Der er ingen "tid", hvor information stadig er på gaden, og den anden del venter på at modtage den.

Oplysningerne er her og der. Det kan siges mere simpelt, at oplysninger eksisterer absolut.

Begge partikler besidder det. De to halvdele af elektronen deler oplysninger som om de stadig var en hel elektron.

Teorien er videnskabeligt bekræftet.

Nyhederne i kvantefysik blev præsenteret af Niels Bohr og hans team af forskere "The Copenhagen

School". Denne arbejdsgruppe lagde grunden til kvantefysik i forskning, som er blevet gennemført siden 1927. Desværre blev deres resultater ikke godt modtaget i den videnskabelige verden.

Albert Einstein betragtede især denne teori umuligt. Han troede at ræsonnementet var forkert.

Ifølge Einstein manglede teorien et stykke, som han kaldte "den ukendte variabel".

I praksis gav beregningerne ifølge Einsteins vurdering ukorrekte resultater, fordi visse elementer ikke blev taget i betragtning.

Hvis han havde tilføjet den såkaldte "ukendte variabel" til ligningerne, ville Niels Bohr have opnået resultater tættere på klassisk fysik. Einstein var særlig bekymret, fordi Bohrs kvanteorientering også var i modsætning til relativitetsteorien.

Nogle forskere mockede Bohrs resultater.

Einstein, selv om han var overbevist om sine argumenter, var for klog til at bestride en videnskabelig teori, før den teori blev nøjagtigt evalueret.

Han hævdede endvidere, at Bohrs ligninger var fejlbehæftet. Albert havde dog ingen fordomme og ville se klart.

Her ligger hans storhed som videnskabsmand.

I 1935 foreslog han et berømt eksperiment, kendt som EPR-eksperimentet. Akronymet kommer fra navnet på de tre fortalere, det vil sige sammen med Einstein, Podolski og Rosen.

EPR var et "Gedankenexperiment". I praksis var eksperimentet ikke baseret på laboratorieinstrumenter, men på etableringen og teoretisk anvendelse af de kendte love.

Denne type forsøg, selv om det er teoretisk, kan give pålidelige resultater.

Mentaleksperimenter anvendes stadig i dag, når de tekniske eller økonomiske midler til at udføre dem i laboratoriet mangler

Faktisk har udviklingen af EPR-eksperimentet tvivlet på kvante teoriernes troværdighed. Det afhænger også af kompleksiteten af den administrerende protokol.

Som følge heraf bemærkede det videnskabelige samfund resultaterne, men betragtede dem ikke endeligt.

Mange år senere, i 1964, blev en anden forsker interesseret i emnet igen.

John Stewart Bell offentliggjorde en artikel, hvori han foreslog en forenklet version af EPR-eksperimentet. I samme artikel foreslog Bell en praktisk metode til at udføre eksperimentet i laboratoriet og opfordrede det videnskabelige samfund til at udføre det.

Invitationen blev indsamlet af Alain Aspect, en fransk eksperimentel fysiker. I årene 1980-1982 udførte Alain Aspect eksperimentet i laboratoriet.

I praksis det stimuleret han en elektron til at tvinge ham til et dobbelt kvantespring.

Den ophidsede elektron udstrålede to elementære partikler i dobbelthoppet, dvs. to fotoner. Selvfølgelig var de to fotoner "beslægtede", da de blev født i samme begivenhed.

Aspects eksperimenter bekræftede alle forudsigelser om kvantefysik og fænomenet "entanglement".

De to fotoner produceret af Aspect i laboratoriet opfører sig nøjagtigt som beskrevet i Bohrs teori.

Det vil sige, de to fotoner har gentaget den ovenfor beskrevne adfærd med hensyn til de to halvdele af en elektron.

Det betyder, at de har overtrådt alle de klassiske fysikers regler.

I de følgende år blev eksperimentet gentaget og bekræftet af mange forskere.

I dag eksperimenterer laboratorier ikke længere med "entanglement" af to partikler. I moderne laboratorier genereres tusinder eller millioner af beslægtede partikler i en enkelt begivenhed.

Den dimension, der går ud over materielle ting

Ifølge den nuværende videnskabelige viden kan vi antage, at kommunikationen på niveauet af de elementære partikler foregår med en metode, der er helt uafhængig af sagen.

Partiklerne kommunikerer på et niveau, hvor tid og rum ikke udøver deres magt. I dette plan opfører to eller flere beslægtede partikler, selvom de adskilles af uendelige afstande, som om de var en.

Det "plads" eller niveau, hvor dette forekommer, hedder "ikke-lokalitet". Det er en psykisk "plads", fordi den ikke kan placeres overalt.

Videnskaben accepterer det ikke-lokale rum med store vanskeligheder. Faktisk kan dette plads ikke vejes, måles eller reproduceres i laboratoriet.

Men hvis dette rum eksisterer, kan andre begreber af menneskelig tanke finde deres plads i det.

For eksempel citerede vi den "kollektive ubevidste" af Carl Jung eller "Platons "Soul of the World". Subatomære partikler arbejder i det ikke-lokale, og ingen kan bestride dette. På samme måde bliver den menneskelige tankes psykiske indsigt værdig til at studere og overveje.

Nogle kan hævde, at fænomenet "entanglement" kun forekommer mellem de partikler, der anvendes i laboratoriet.

Vi kan minde disse skeptikere om, at hele universet blev født fra et stort laboratorium. Vi kan tænke på det oprindelige univers som et "sted" hvor en stor, unik eksplosion kendt som Big Bang fandt sted.

Denne eksplosion har skabt alt stof i universet.

Derfor blev hele sagen om universet født fra samme begivenhed.

Det betyder, at alt materie i universet er sammenkoblet og repræsenterer en unik virkelighed. Dyr, planter og mineraler er lavet af beslægtede atomer. Planeterne, konstellationerne og hele kosmos er indbyrdes forbundne. Carl Jung og Wolfgang Pauli kaldte denne virkelighed "Unus mundus".

83

Hvilken rolle spiller sammenfald i mit liv?

På dette tidspunkt kan hver læser lovligt formulere dette spørgsmål og kan vente på et svar. Vi ved, at der sker betydelige sammenfald. Desværre har vi indtil idag betragtet sammenfald som bizarre og undertiden mystiske fakta, men uden betydning i vores daglige liv.

Væsentlige sammenfald kan defineres mere præcist med navnet "synchronicity". Med dette navn angiver vi de spor, der forsøger at forklare budskaberne og hensigterne om et "Mind of the World".

Hver synkronitet indeholder en besked rettet mod os, nyttig til at guide os i den indre vækst. Desværre er sproget i disse meddelelser symbolsk. Vi kæmper for at tune ind i den rigtige bølgelængde for at dechiffrere indholdet af disse meddelelser. Et citat fra den amerikanske fysiker Joseph Henry kan hjælpe os med at forstå konceptet:

"Frøene til enhver stor opdagelse er konstant til stede i den luft, der omgiver os, men de falder og rober kun i beredte sind."

Vi er vant til at tildele usædvanlige fakta til tilfældighed. Når chancen er negativ, tilskriver vi det til skæbne, mens det, hvis det er positivt, tilskriver det til Fortune.

Vi citerer et par andre berømte sætninger. Arthur Schopenhauer sagde:

"Destiny blander kortene og vi spiller."

I stedet talte Louis Pasteur således med held:

"Fortune favoriserer det forberedte sind"

Disse udsagn indebærer, at enhver mulighed, blandet med en dosis forberedelse, kan hjælpe os med at opbygge et bedre liv.

Forberedelsen består i at vide, hvordan man på passende tidspunkter opsamler kørselssignaler på samme måde som vi ved at læse vejskilte, mens vi kører vores bil.

Synkroniteter er vejledende tegn, indikatorer, der symbolisk viser os en retning.

Det er svært at forstå de symbolske budskaber, der kommer fra den åndelige dimension, fordi vi lever dybt nedsænket i den fysiske dimension.

Som nævnt er synkroniteterne desuden konstruktioner af hændelser, som er adskilt fra hinanden. Disse begivenheder har ingen årsag og virkning forhold og er fordelt i rum og tid, så det er svært at relatere dem.

Sammenfaldene bliver kun meningsfulde, når vi lykkes med at tildele en mening.

Vi skal ofte bruge en irrationel mental proces til at forbinde visse fakta mellem hinanden.

I mange tilfælde er det nødvendigt at ignorere den daglige logik af temporalitet, ifølge hvilken nogle ting sker før og andre efter. I synkroniteter betyder det ikke noget, og fakta kan placeres overalt i tidsskalaen.

Betydningen af synkroniteter skabes på et åndeligt niveau.

Derfor skal vi undersøge dybden af vores ånd, hvis vi vil forstå, hvorfor vi har givet særlig betydning for nogle af de faktiske forhold. Den fortolkning, som vores ånd uddyber, er altid belyst af de symbologier, vi besidder.

Symbolikken for de synkroniteter, vi modtager, er altid forbundet med de symbologier, der findes i vores psyke.

Vi har den fortolkende nøgle til de synkroniteter, vi modtager. Denne nøgle er til stede i vores bevidsthed eller i vores ubevidste.

Synkroniciteter er arketypiske symboler. De kan ikke manifestere sig i en helt ukendt symbolsk form. Når en person får en synkronicitet i en symbolsk form, er dette symbol allerede gået fra den kollektive ubevidste til den enkelte ubevidste.

De symbologier, der fremkaldes af synkroniteter, er ikke umulige, fordi de allerede er til stede, rodfæstet og sammenflettet i vores ubevidste.

Dekryptere synkroniteter.

Synkroniciteterne har specifikke karakteristika, hvorved dechifrering af meddelelsen er næsten udelukkende mulig for dem, der modtager dem. Disse karakteristika er den symbolske karakter og det tætte forhold til individets bevidstløse.
En undtagelse kan være metoden for professionelle terapeuter. De er i stand til at uddybe lagene med dyb bevidsthed, dvs. dem, der ikke objektivt kan udforskes selv af patienten selv.
I de fleste tilfælde vender ingen til en psykoterapeut om hjælp til at afsløre symbolikken for synkroniske meddelelser. Derfor kan vi give nogle grove råd, der kan hjælpe fortolkningen.
Det første råd er indlysende.
Overvej aldrig væsentlige sammenfald som simpel tilfældighed. De kan være meddelelser fra et "højere sind".
Dette "Mind" koordinerer universets harmoni og vil hjælpe os med at opretholde vores harmoni. Det

ønsker at gøre os modtagere af indre velbefindende.

Det andet råd er at stole primært på din egen vurdering. Vores dom er bestemt den mest kvalificerede og bedst informeret om at styre vores inwardness i udarbejdelsen af symbolernes betydning.

Som allerede nævnt har hver de fortolkende nøgler af de symbologier, han modtager.

Symbolerne er arv fra hele menneskeheden, men samtidig er de tæt i overensstemmelse med vores "Selbst", vores kultur og vores måde at se verden på.

Vi kan sige, at symbolet er som en fingerspids. Der er milliarder fingre, men samtidig finder vi ikke to lige ens. Hver har sine egne fingeraftryk, som er unikke og umiskendelige.

Det tredje råd består i at ikke have travlt med at tilkende betydning. Ofte består en synkronisering af flere begivenheder fordelt over tid. Vi skal skabe en hemmelig skuffe i vores sind, hvor vi deponerer de meddelelser, vi ikke forstår.

Hver gang vi modtager en ny besked, må vi sammenligne det med alle dem, som vi endnu ikke har løst. Denne praksis kan give overraskende resultater.

Hvis vi hurtigt visker ud af vores sind enhver nysgerrig tilfældighed risikerer vi at afbryde en sti. Måske var det aflyste tilfældighed et vigtigt link.

Faktisk kan en synkronitet distribueres gennem dage eller måneder eller endog år, og enhver ny signifikant sammenfald kan være færdiggørelsen af et tidligere tilfælde.

Det sted, hvorfra synkroniteterne kommer, kaldes ofte "ikke-lokalitet", fordi det ikke er muligt at placere det i rum eller i tid. Der er ikke plads eller tid på det ikke-lokale niveau. Dette er videnskabeligt bevist af kvantefysik og den nylige opdagelse af fænomenet "entanglement", som jeg beskrev i sine væsentlige elementer.

Som et tillæg til dette tredje råd giver jeg en anden indikation.

Mange forskere og forfattere støtter nytten af at holde en dagbog af sammenfald. I denne dagbog kan vi også bemærke de betydelige drømme, det er dem der ramte os mest. Drømme kan være synkroniske eller profetiske. Dette gælder især når den drømte begivenhed virkelig finder sted. Disse er sjældne tilfælde, fordi selv drømme er baseret på symbologier. Det er muligt at give mening til en begivenhed ved at forbinde den med en drøm.

De tre niveauer af virkeligheden

Fra hvad der er blevet vist i tidligere kapitler, er der en repræsentation af universet, der er meget forskelligt fra det, vi tænkte på.

Selvfølgelig fortsætter vi alle med at se verden, som vi altid har set det. Det skyldes, at de fem sanser, som naturen har givet os, er skræddersyet til at opleve denne verden.

De vitale fornødenheder og overlevelsesbehov betyder, at vi kan se, røre, lugte, høre og nyde virkeligheden af den dimension, der passer til os.

Faktisk er vores sanser ikke effektive uden for vores dimension. Vi kan ikke udforske fjerne galakser med vores øjne. Vores øjne kan ikke observere bevægelser af mikrober.

Vi opfatter hverken lugten af eksplosionen af supernovaer eller farven på de molekyler, der udgør de forskellige organer.

Disse funktioner går ud over vores grundlæggende behov. Evolution har kun specialiseret os på det, der er uundværligt for vores eksistens.

De fleste frekvenser producerer farver og lyde, som ikke er synlige eller hørbare for os

Sans for berøring og smagsoplevelse gør os, så vidt vi betragter dem som raffinerede, kun et lille udvalg af aromaer og lugte klart.

Vi kan sige, at vores fem sanser er meget grove og meget begrænsede i forhold til de uendelige variationer, som universet producerer.

Men vi har også to andre sanser. Den sjette sans er den intuition, der giver os mulighed for at behandle meget nyttig information i det enkle hverdagsliv, selvom disse oplysninger ikke er afgørende for overlevelse.

Intuition er et vidunderligt redskab, der behandler vores oplevelser og giver adfærdsmæssige anbefalinger.

De første mænd kunne gætte hvilke bær der kunne være spiselige, eller hvilke insekter der kunne være giftige ved at vurdere deres farve eller deres krops form.

I dag bruger vi intuition til at evaluere folk og omstændigheder .

Takket være intuition kan vi ofte skabe en spontan mistillid til dem, der vil bedrage os. Så vi kan også gætte hvem der kunne hjælpe os.

Intuition hjælper os med at genkende de positive og negative aspekter af en bestemt virksomhed. Intuition spiller normalt en afgørende rolle i vores beslutninger. Intuto er bestemt et ufuldstændigt værktøj, men erfaringerne hjælper os med at forbedre det.

Den sjette sans eller intuitionen er udelukkende baseret på tanker, men har intet mystisk. De oplysninger, vi bruger til at formulere vore domme, findes alle i vores hukommelse og i vores kulturbagage. Hele intuitiv proces finder sted i vores psyke.

Intuition bruger kun den viden, vi allerede har. Selvfølgelig svarer intuitionen til verden uden for psyken, dvs. fysisk virkelighed.

Kvante niveauet og det ikke-lokale niveau

Flyet, som vi bor i, kan defineres som et "fysisk plan". Det fysiske lag består af faste objekter, som er adskilt fra hinanden.

Dette plan dækker også den ekstremt store del af kosmos som planeter og stjernebilleder.

I dag siger videnskaben, at der er mindst to andre niveauer.

Selv om vi ikke kan forstå disse niveauer med vores begrænsede sanser, eksisterer de stadig. Deres eksistens er bekræftet uden tvivl.

Det andet niveau er Quantum. Dette er et "rum", hvor elementære partikler bevæger sig og arbejder frit. Disse partikler er ikke underlagt nogen begrænsninger, som påvirker makroskopisk niveau af materien.

Som vi har set, danner partiklerne gensidige bindinger uden rumlig og tidsbegrænset begrænsning.

Denne egenskab antyder eksistensen af et tredje niveau, det for ikke-lokalitet, som ikke er lavet af materie.

Ikke-lokaliteten indeholder kun energi og information.

Nonlocality er det niveau, hvor hele universet er forbundet og udgør en universel "entanglement". Den ikke-lokalitet indeholder al information, det er den kosmiske intelligens, der blev opnået fra første skabelsens øjeblik.

Disse oplysninger understøttes af en ukendt og ubegrænset energi, der distribuerer den til, hvor den er nødvendig.

Den syvende forstand

Hvis vi ønsker at få adgang til ikke-lokal virkelighed, kan de fem sanser ikke hjælpe os. Ikke engang intuition kan hjælpe os. Vi har brug for den syvende forstand.

Den sjette sans kommer til vores redning ved kun at behandle de oplysninger, vi har samlet i vores daglige oplevelse.

I stedet giver den syvende forstand os mulighed for at forbinde med et uhyre rigere depositum, der indeholder alle universums erfaringer. Fra dette depositum falder forudsigelserne, hunches og hele rækken af fænomener, som vi kalder ekstrasensory ned i vores bevidsthed.

Ikke-lokalitetsniveauet har altid været kendt for enhver civilisation, enhver filosofi og enhver religion. Desværre kunne hans eksistens ikke bevises. I dag er der endelig bevis.

Vi kan være sikre på, at overlegen intelligens styrer det ikke-lokale niveau. Hvordan kan dette niveau faktisk bestemmes ved en tilfældighed?

Fra dette niveau modtager vi beskeder. I de fleste tilfælde er disse meddelelser symbolske, og vi kæmper for at dekode dem.

Det er dog muligt, at menneskeheden vil kunne udvikle en mere avanceret forståelsesplan end den nuværende.

Enhver kan kalde niveauet for ikke-lokalitet med dit foretrukne navn. Vi kan nævne mange udtryk: universelt sind, globalt sind, ideens verden, universets ånd, kollektivt ubevidst, nonlocality, Tao, Atman, Gud, Helligånd.

Vi ved, at denne større enhed eksisterer. Vi ved også, at det hjælper med at skabe væksten af enkeltpersoner og udviklingen af hele menneskeheden.

Vi har henvist til disse hjælpemidler som "meningsfuldt sammenfald" og "synkronitet" og har henvist til Jungisk teori. Men enhver kan nævne disse indgreb med det navn, han foretrækker: inspirationer, profetier, åbenbaringer, mirakler eller hvad som helst.

Måske vil vi aldrig kunne afsløre i detaljer de hemmeligheder, vi har talt om. Der er dog en vigtig nyhed.
Tidligere har vi henvist til foreslåede hypoteser, men kunne ikke fremlægge bevis.
I dag taler vi med tillid og selvtillid og henviser til et åndeligt eller mentalt niveau, der rent faktisk eksisterer.

Bibliography

Amir Dan Aczel, Entanglement. The greatest mystery of physics.
Barbour Julian, End of the time.
Barrow John David, From zero to infinity. The great story of Nothing.
Barrow John David, The numbers of the universe,
Barrow John David, Why is the world a mathematician?
Barrow John David, look Frank The anthropic principle.
Beitman Bernard, Messages from coincidences.
Cambray Joseph, Synchronicity. Nature and Psyche In a connected universe.
Cantalupi Tiziano, Santarcangelo Donato, Psychism and reality. .
Capra Fritjof, The Tao of physics.
John Cederquist, Coincidences They don't exist.
Cesati Cassin Marco, We're not here by chance.. The power of coincidences.
Subrahmanyan Chandrasekhar, Truth and Beauty. The reasons for aesthetics in science.

Chinnici Giorgio, Case Guard. The secret mechanisms of the quantum world
Chopra Deepak, Coincidences
Ford Kenneth, The world of Quanta. Quantum physics For everyone.
Gamow George, The Adventures of Mr. Tompkins.
Gamow George, Mr. Tompkins ' New World.
Goswami Arneb, Quantum Lighting Guide.
Greene Brian, The plot of the cosmos. Space,
Greene Brian, The hidden universes of parallel reality And the profound laws of the cosmos.
Greene Brian, The elegant universe. Superstrings, hidden dimensions and the pursuit of definitive theory.
Hawking Stephen The Universe in a nutshell.
Hawking Stephen The theory completely. Origin and destination Dell Universe.
Hawking Stephen The great history of the time.
Hawking Stephen Do Big Bang For black holes. A brief history of the universe.
Heckler, Richard, Coincidences.
Robert Hopke, Nothing happens by chance.
Joseph Frank, The power of coincidences.
Young Carl The analysis of Dreams. Archetypes of the unconscious. Synchronicity.
Young Carl Memories, DreamsReflections.
Kane Gordon, The Garden of Particles Elemental.

Shani Mani Quantum. From Einstein In Bohr, quantum theory, a new idea of reality..

Rei Hans, Christianity and Chinese religiosity.

Lederman Leon, Hill Christopher, Physical Quantum for Poets

Licata Ignazio, Watching the Sphinx.

Motterlini Matteo, Mental traps.

Peat David, Synchronicity. A union between the matter e Psyche.

Popper Karl, The Ego and your brain.

Radin Dean. Intertwined minds. Psychic phenomena explained by quantum physics.

Rhine Louisa, Psychokinesis. in mind Dominates matter..

Schumacher Ernst, A guide to the Perplexed, the B

Sheldrake Rupert, The illusions of Science.

Sheldrake Rupert, The mind Extended..

Michael Smith, Young and Shamanism.

Sparzani and Panepucci. (Curators) Young and Pauli. The original correspondence: The meeting between psyche and matter.

Henry Stapp Quantum theory and free will..

Michael Talbot, All is a. Feltrinelli

Teodorani Massimo, Bohm. The Physics of Infinity.

Teodorani Massimo, in mind Creative. From the physical universe to intelligent life.

Teodorani Massimo, The entanglement. The Weave In the quantum world: particles To consciousness.

Teodorani Massimo, Synchronicity. The link between physics and psyche. Da Pauli Young ' s Next In Chopra.

Teodorani Massimo, The Atom and the particles Elementary.

Seems Frank The physics of Immortality.

John White, The encounter between science and spirit..

Claudio Widmann, Synchronicity and coincidences Significant.

Claudio Widmann, Introduction to Synchronicity.

Færdig med trykning den 15. april 2022
Niels Mottelson er pseudonymet for Bruno Del Medico, blogger, forfatter, redaktør, specialiseret i formidling af spørgsmål relateret til sociale aktuelle begivenheder og videnskabens nye grænser. Han er forfatter til mange bøger om den seneste pandemi og til essays om kvantefysik og metafysik.

universer med samme intensitet. Dette kan betragtes som en konflikt med de fysiske love, der er nævnt i de foregående afsnit.

Svaret fra videnskaben er meget simpelt. Tænkning er baseret på vores hjerne og bevæger os ikke herfra.

Tanker kommer ikke ud af kraniet

Alle mentale udarbejdelser fødes og dør inden for nogle få kubikcentimeter af den fysiske hjerne. I praksis er tænkning en illusion, ikke en realitet.

I denne forstand er præmonitioner illusioner, der opstår som affaldsprodukter i samme hjerne. Selv telepatisk kommunikation er ikke mulig, fordi ingen tanke kan komme fra et hoved til at flyve ind i et andet hoved.

For at understøtte forekomsten af en psykisk virkelighed som den, der er beskrevet i den første del af denne bog, er det derfor nødvendigt at opdage en dimension af universet, hvor reglerne i klassisk fysik ikke længere er gyldige.

Denne dimension skal ligner Jungs kollektive ubevidste.

Hvis denne psykiske dimension eksisterer, kan den helt sikkert rumme Platons ideer, Carl Jungs arketyper og enhver anden ikke-materiel virkelighed.

Indtil 1950 ville ingen videnskabsmand have lagt en enkelt mønt på denne mulighed. I stedet har der været en stor ændring i de sidste par årtier.